350 ejercicios de restas para 1º de Primaria

II

Proyecto Aristóteles

ISBN: 1495917754
ISBN-13: 978-1495917752

Para Coral y Alicia.

CONTENIDOS

PARA COMENZAR

El blasón del Proyecto Aristóteles es el proverbio *usus, magíster egregius* (la práctica es el mejor maestro). El dominio de cualquier disciplina, incluidas las matemáticas, sólo puede adquirirse a través del ejercicio variado y constante. Éste es el motivo por el cual presentamos nuestra serie especial de ejercicios de restas para Primero de Primaria. El presente volumen está dedicado a ejercitar los siguientes conocimientos:

- Restas con llevadas.
- Cálculo mental rápido.
- Series de restas.
- Tablas de restas: agilidad de cálculo.
- Escritura de números.
- Número anterior y posterior.
- Redondeo a la decena y a la centena.

Cálculo mental.

56 - 6 =	46 - 3 =
43 - 2 =	88 - 4 =
54 - 6 =	45 - 3 =
32 - 2 =	53 - 4 =
79 - 6 =	28 - 3 =

Completa usando los signos > < =

29 - 16 ◯ 59 - 43

35 - 24 ◯ 67 - 45

47 - 31 ◯ 74 - 32

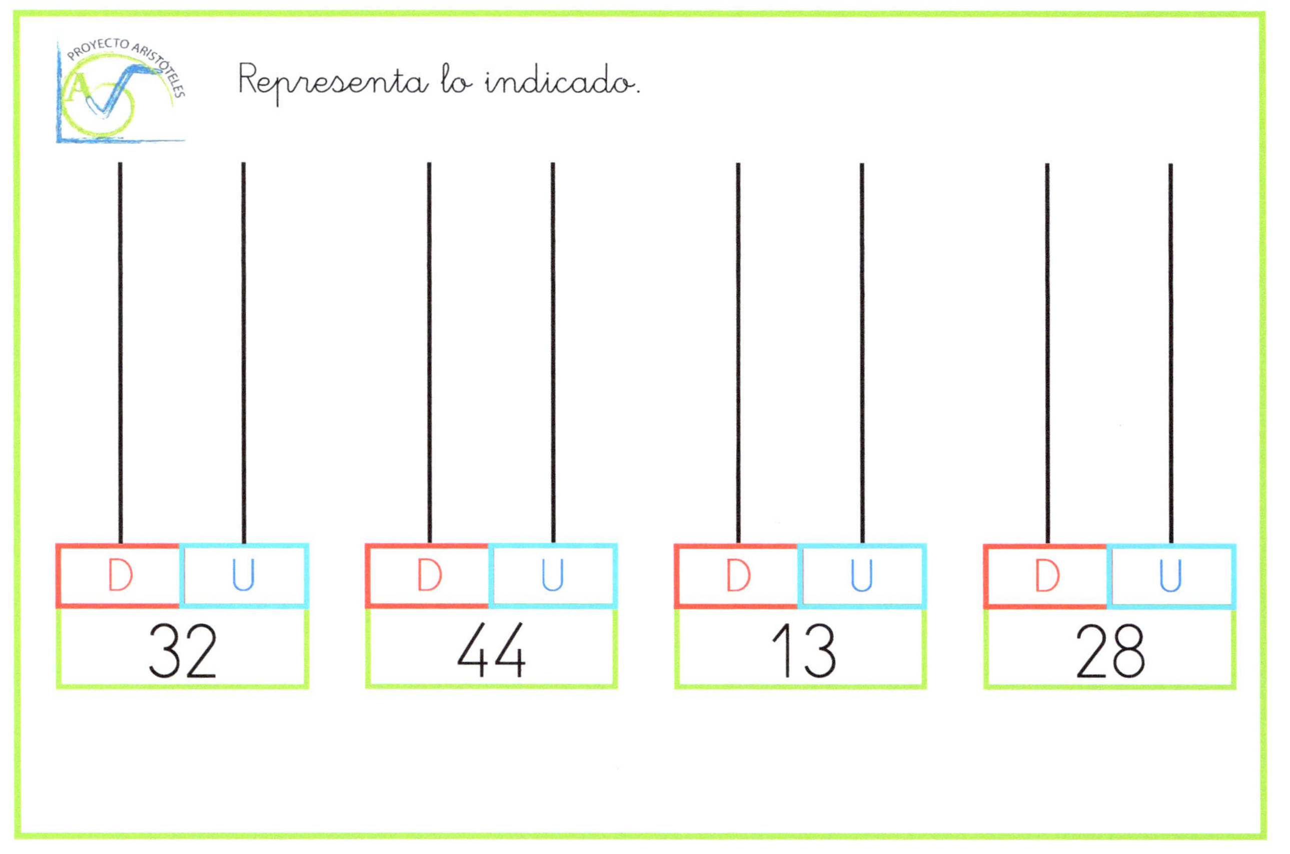
PROYECTO ARISTÓTELES
Representa lo indicado.
D
U
32
D
U
44
D
U
13
D
U
28

Escribe el número anterior y posterior.

	35			42	
	59			32	
	26			66	
	44			23	

Ordena los siguientes números de mayor a menor.

23	54	46	4	9	16

59	17	38	55	9	31

	D	U
-		

34 - 23

	D	U
-		

72 - 30

	D	U
-		

96 - 63

	D	U
-		

68 - 55

¿Cómo se escriben los siguientes números?

68 ____________________

17 ____________________

79 ____________________

20 ____________________

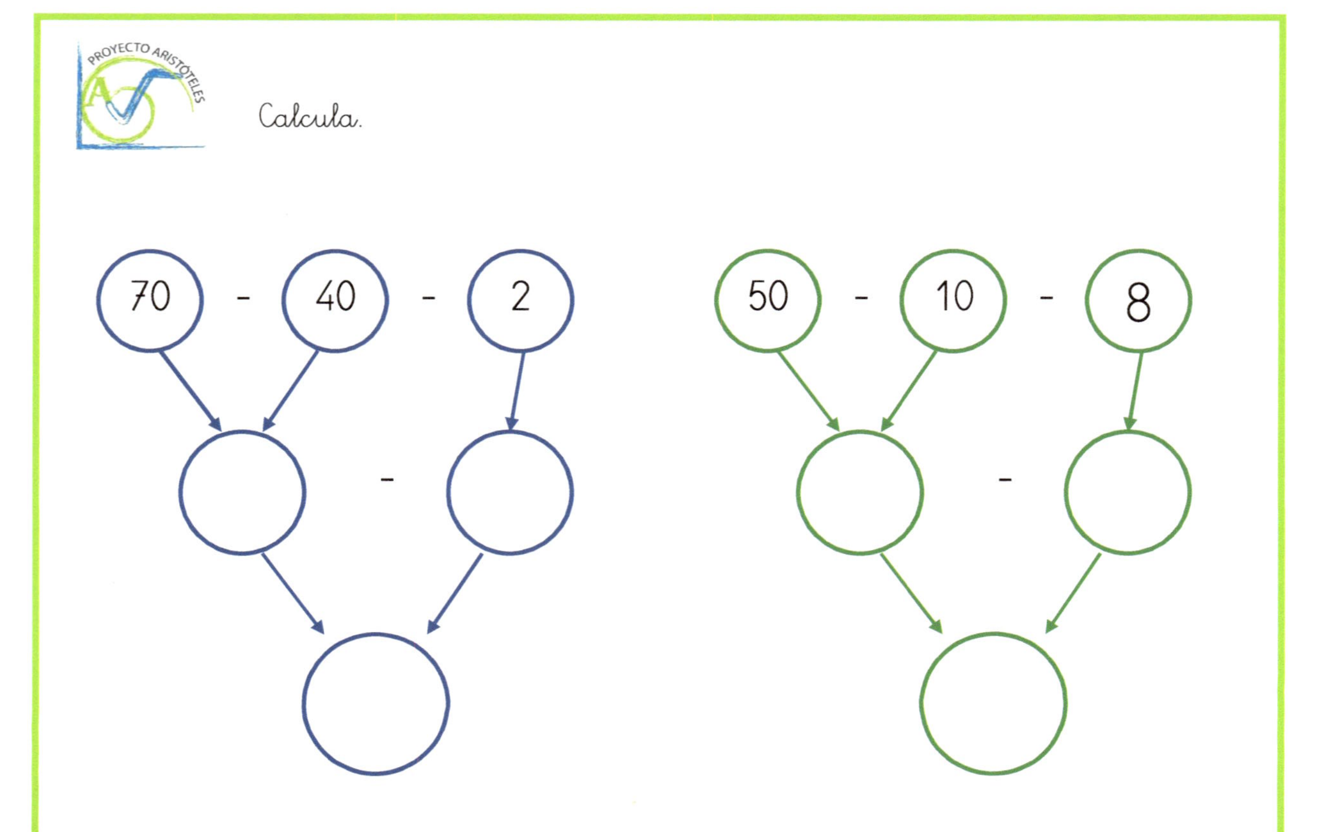
PROYECTO ARISTÓTELES
Calcula.
70 - 40 - 2
-
50 - 10 - 8
-

- 5 - 3 - 5 - 3

39 → ◯ → ◯ → ◯ → ◯

- 2 - 5 - 2

86 → ◯ → ◯ → ◯

- 3 - 2

8 → ◯ → ◯

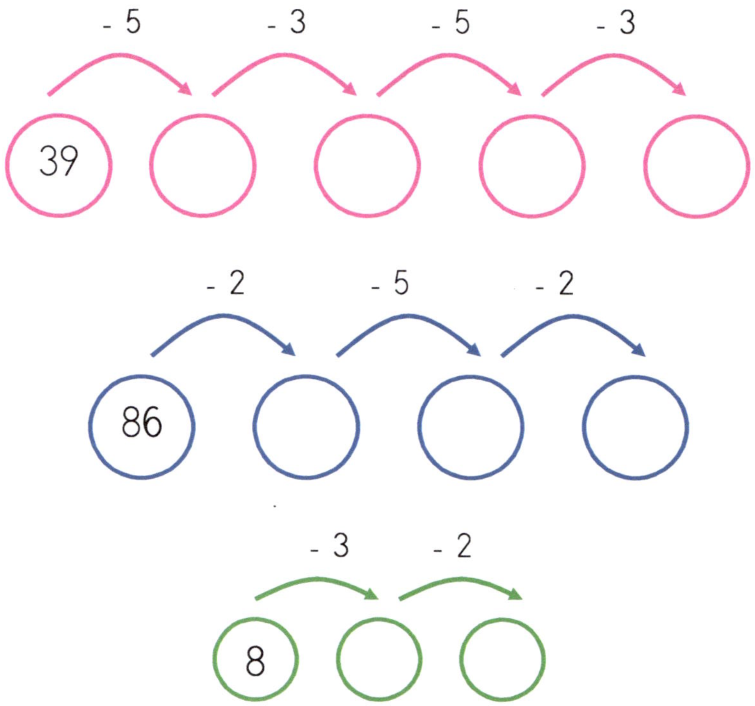

Cálculo mental.

48 - 2 =

34 - 3 =

75 - 2 =

26 - 3 =

50 - 2 =

74 - 3 =

51 - 2 =

45 - 3 =

35 - 2 =

47 - 3 =

Completa usando los signos > < =

$37 - 23 \bigcirc 47 - 20$

$58 - 41 \bigcirc 65 - 54$

$76 - 64 \bigcirc 86 - 72$

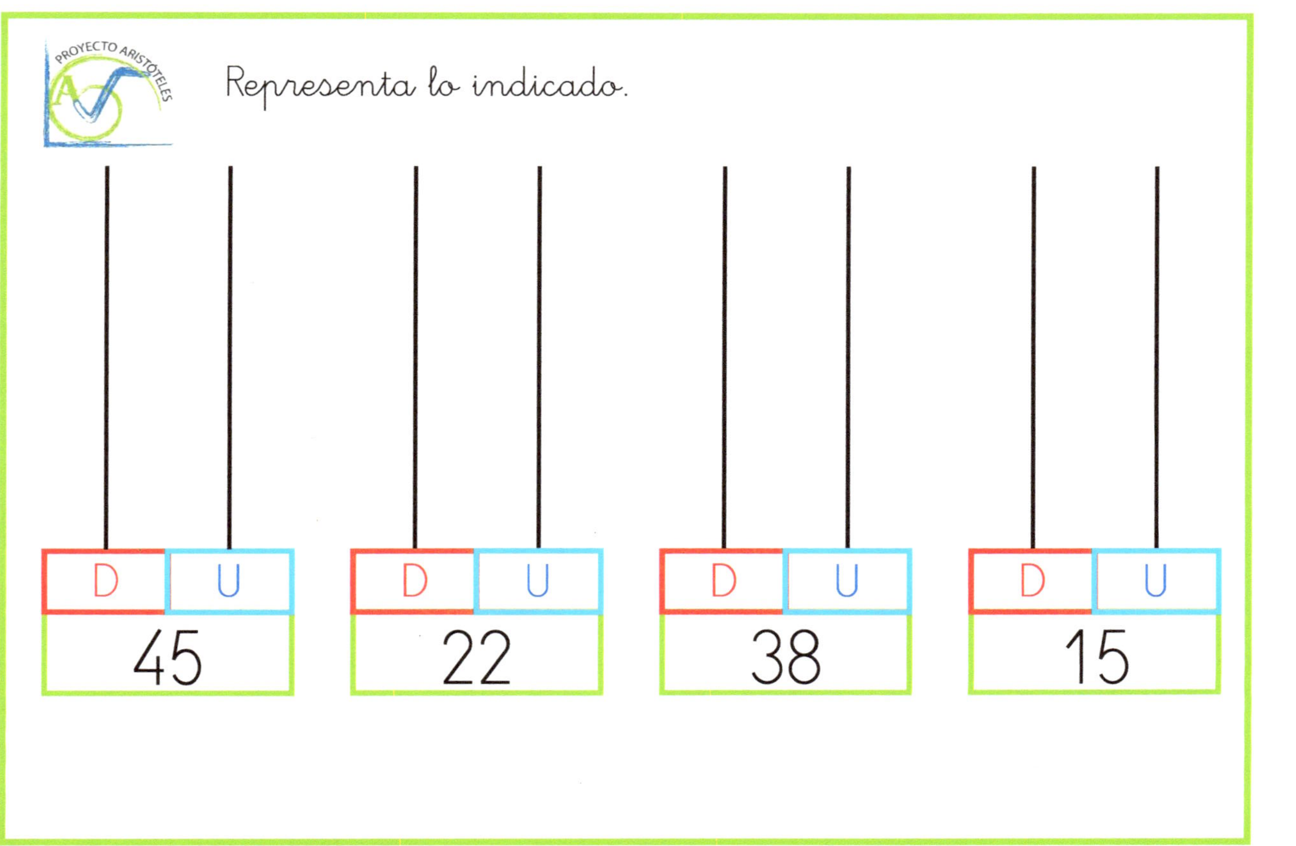
PROYECTO ARISTÓTELES
Representa lo indicado.
D
U
45
D
U
22
D
U
38
D
U
15

Escribe el número anterior y posterior.

	31				59	
	46				22	
	75				34	
	28				97	

Ordena los siguientes números de menor a mayor.

3	29	58	36	48	15

52	20	19	58	36	49

	D	U
-		

48 - 31

	D	U
-		

72 - 63

	D	U
-		

95 - 13

	D	U
-		

70 - 50

¿Cómo se escriben los siguientes números?

12 ____________________

23 ____________________

76 ____________________

16 ____________________

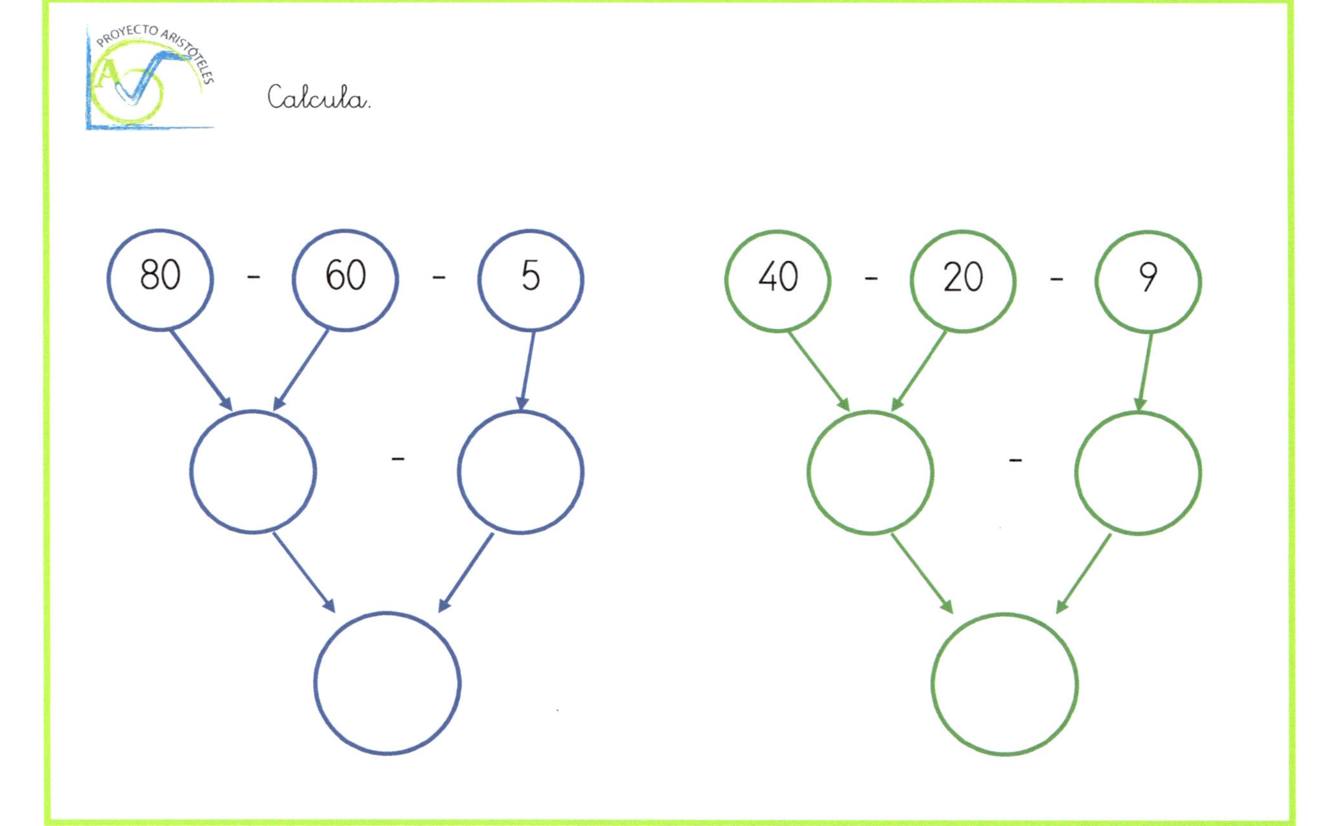
PROYECTO ARISTÓTELES
Calcula.
80
-
60
-
5
-
40
-
20
-
9
-

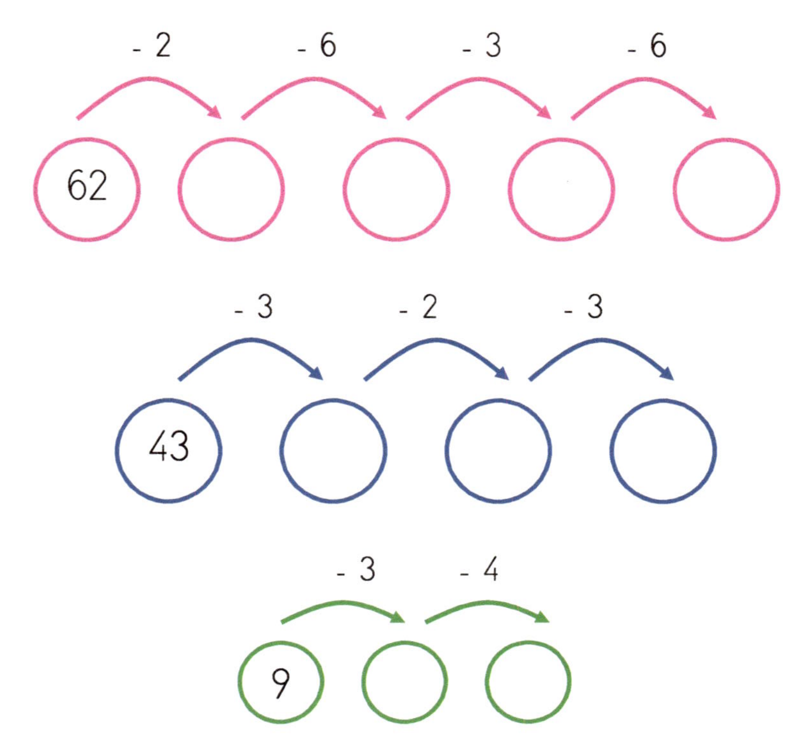
PROYECTO ARISTÓTELES
- 2
- 6
- 3
- 6
62
- 3
- 2
- 3
43
- 3
- 4
9

Cálculo mental.

29 - 2 =

67 - 3 =

33 - 2 =

54 - 3 =

98 - 2 =

79 - 3 =

32 - 2 =

43 - 3 =

55 - 2 =

47 - 3 =

Completa usando los signos > < =

46 - 24 ◯ 59 - 25

73 - 50 ◯ 34 - 42

95 - 41 ◯ 86 - 53

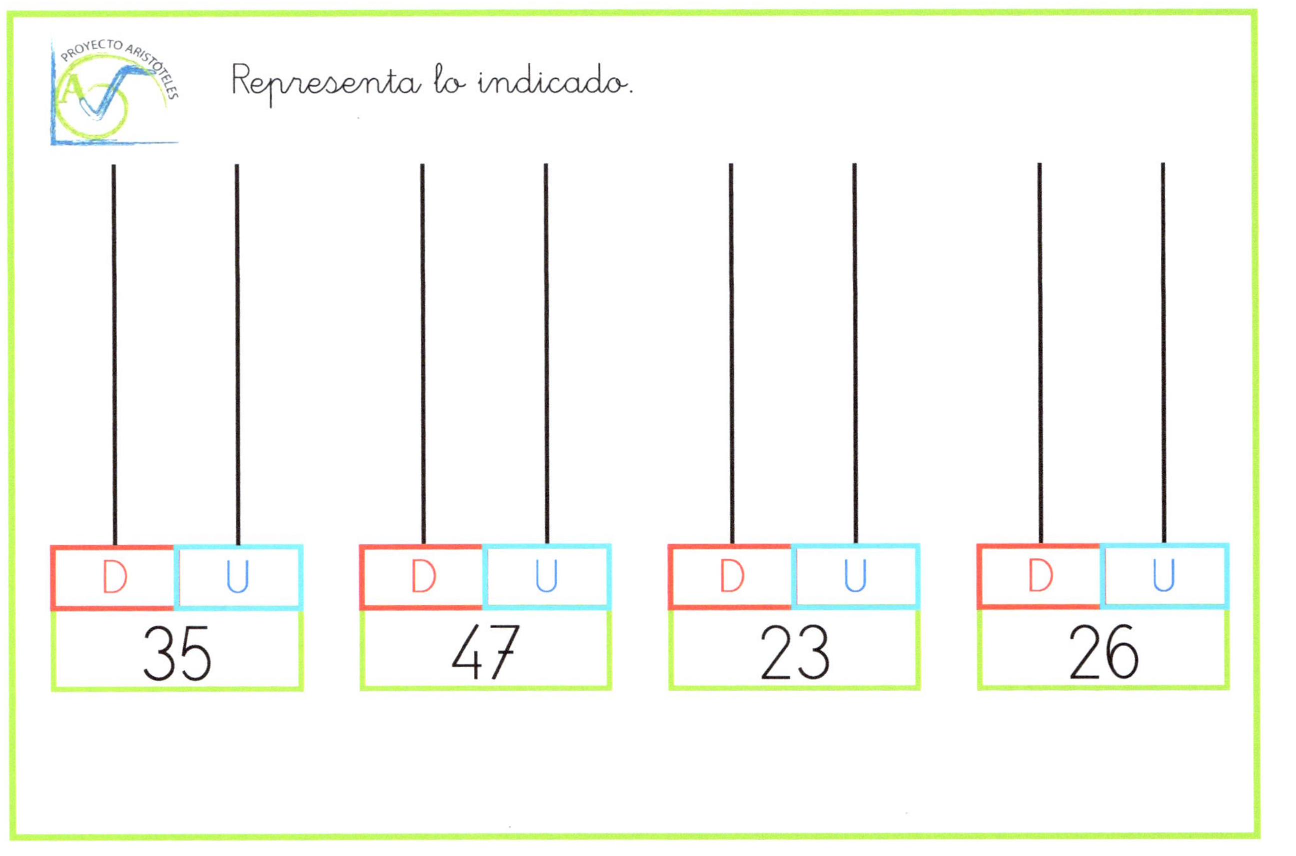
PROYECTO ARISTÓTELES
Representa lo indicado.
D
U
35
D
U
47
D
U
23
D
U
26

Escribe el número anterior y posterior.

	52				43	
	35				39	
	26				16	
	72				27	

Ordena los siguientes números de mayor a menor.

34	52	8	22	44	19

43	38	3	57	51	24

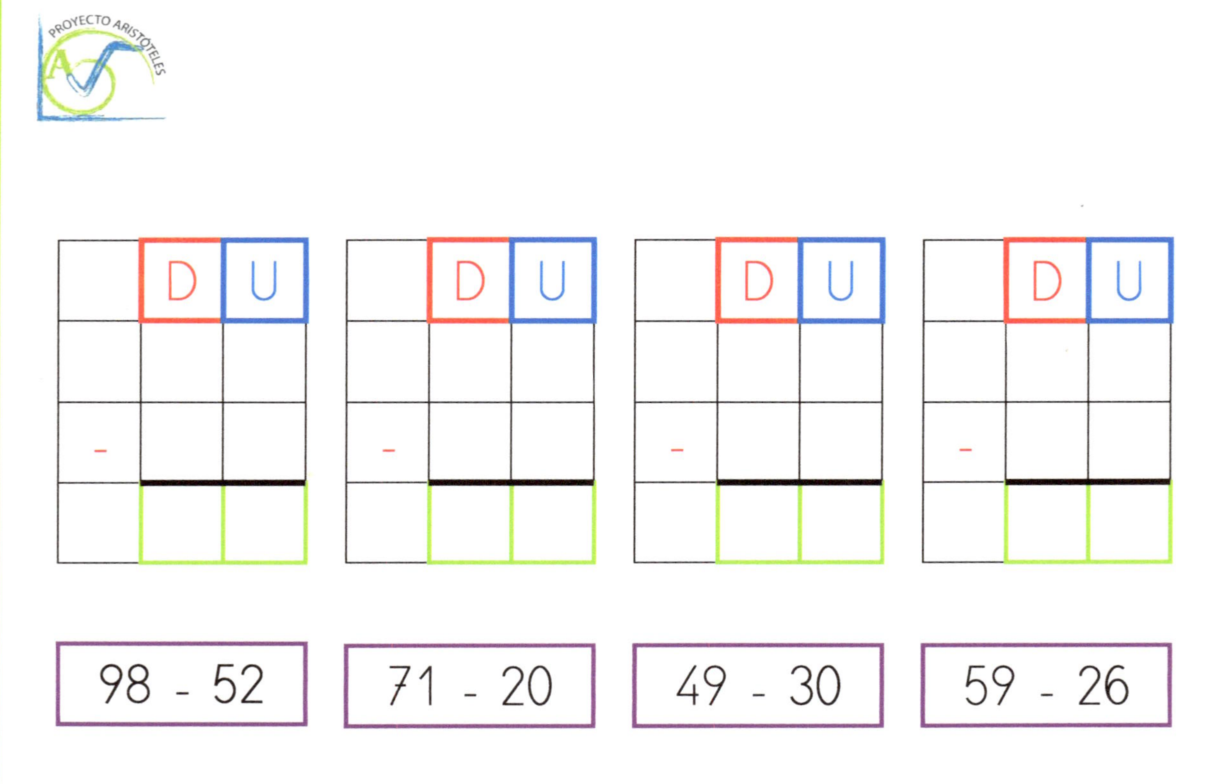
PROYECTO ARISTÓTELES
D U
-
D U
-
D U
-
D U
-
98 - 52
71 - 20
49 - 30
59 - 26

¿Cómo se escriben los siguientes números?

75 ____________________

23 ____________________

49 ____________________

17 ____________________

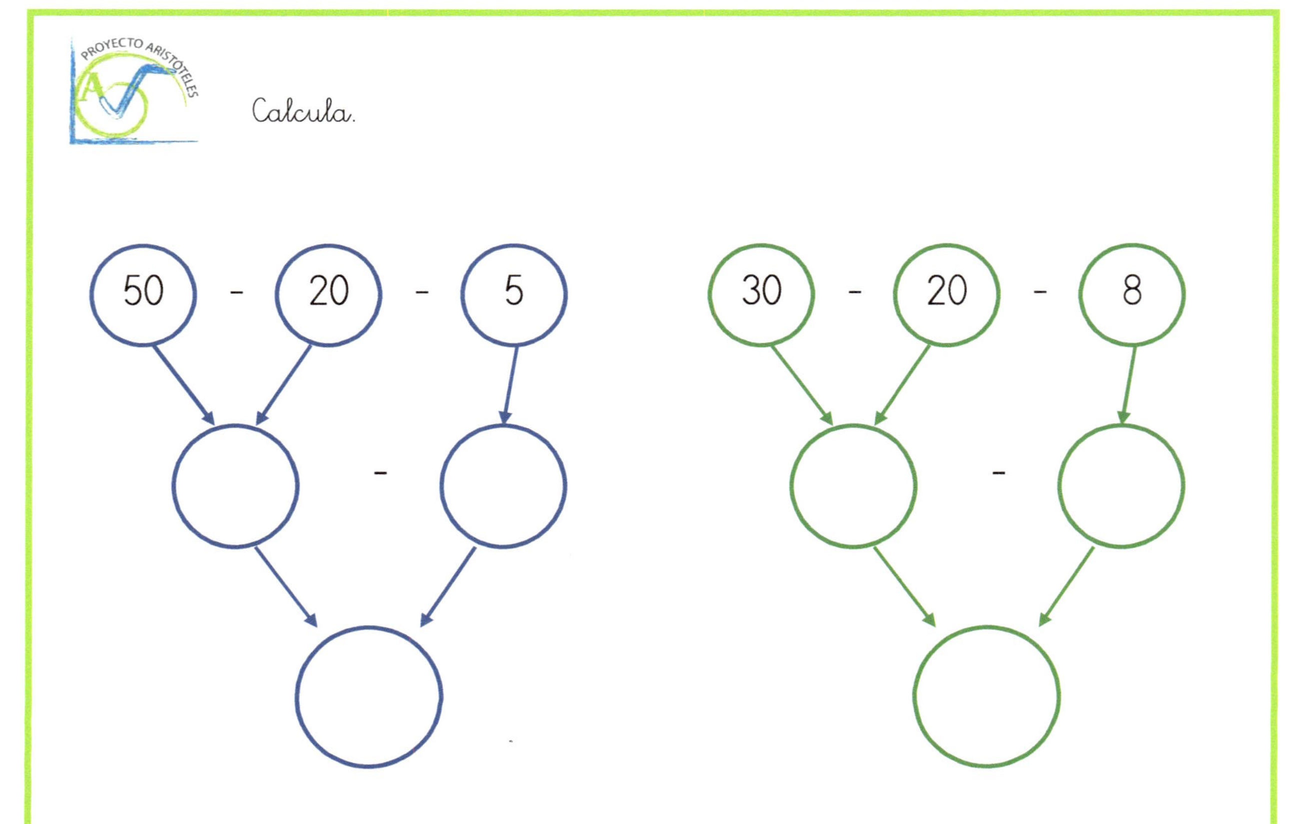
PROYECTO ARISTÓTELES
Calcula.
50 - 20 - 5
-
30 - 20 - 8
-

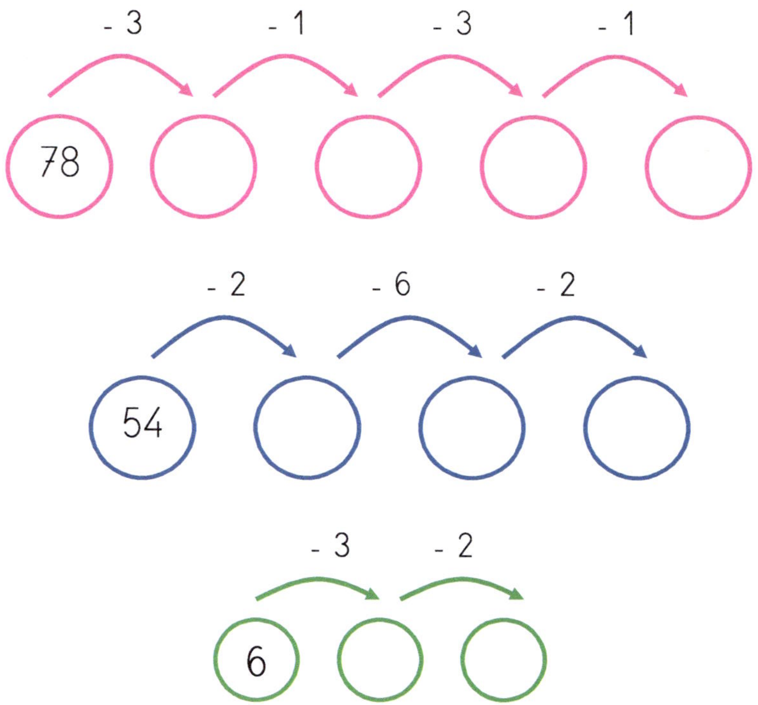

- 3 - 1 - 3 - 1

78 → ◯ → ◯ → ◯ → ◯

- 2 - 6 - 2

54 → ◯ → ◯ → ◯

- 3 - 2

6 → ◯ → ◯

Cálculo mental.

27 - 2 =

63 - 3 =

44 - 2 =

25 - 3 =

39 - 2 =

23 - 3 =

40 - 2 =

72 - 3 =

54 - 2 =

56 - 3 =

Completa usando los signos

> < =

59 - 40 ◯ 65 - 44

94 - 23 ◯ 76 - 32

77 - 54 ◯ 89 - 46

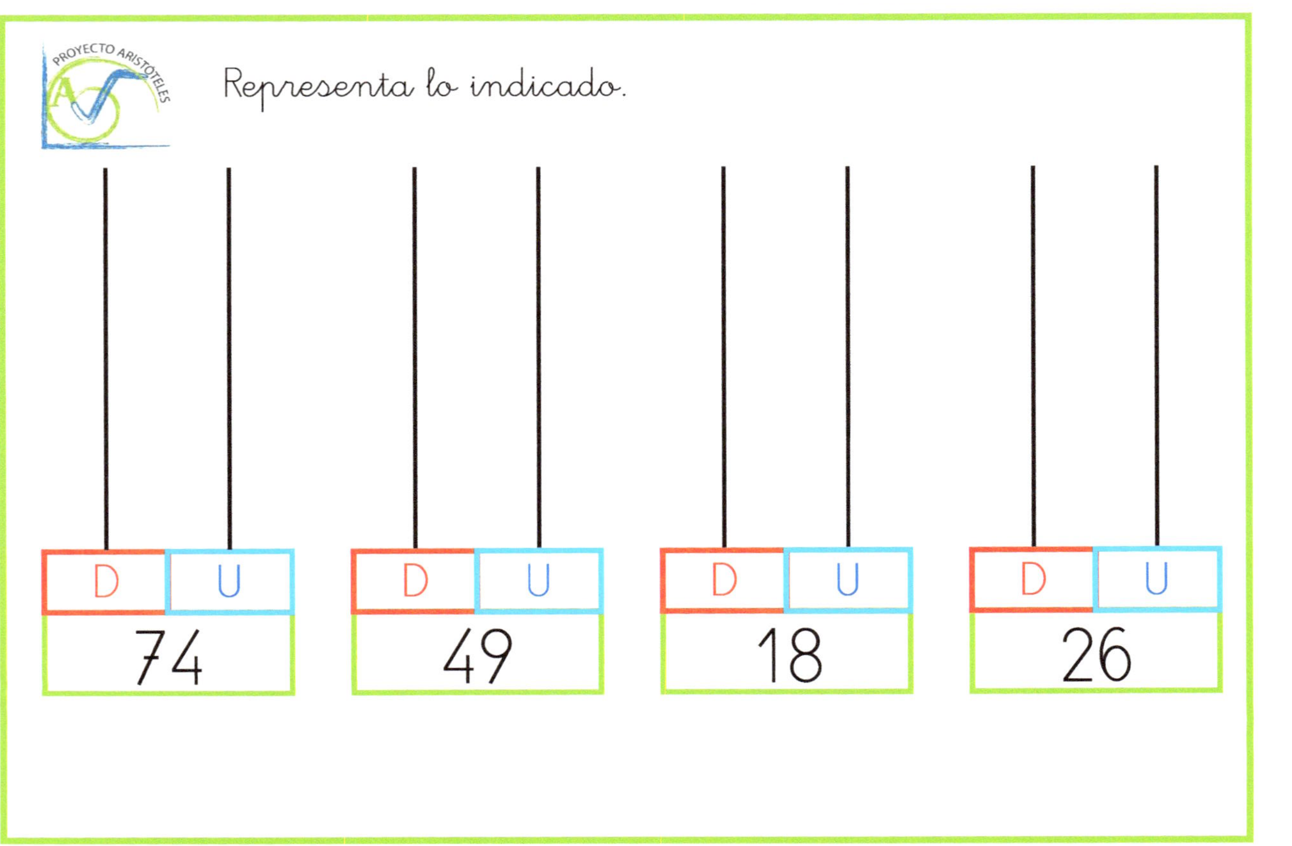
PROYECTO ARISTÓTELES
Representa lo indicado.
D
U
74
D
U
49
D
U
18
D
U
26

Escribe el número anterior y posterior.

	29				43	
	45				21	
	33				38	
	94				10	

Ordena los siguientes números de menor a mayor.

55	28	6	24	41	56

35	17	52	22	59	3

PROYECTO ARISTÓTELES

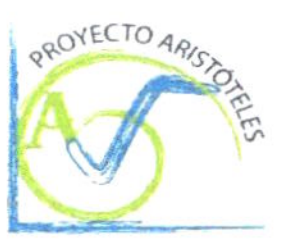

	D	U
-		

67 - 11

	D	U
-		

56 - 25

	D	U
-		

79 - 36

	D	U
-		

98 - 61

¿Cómo se escriben los siguientes números?

35 ____________________

18 ____________________

50 ____________________

78 ____________________

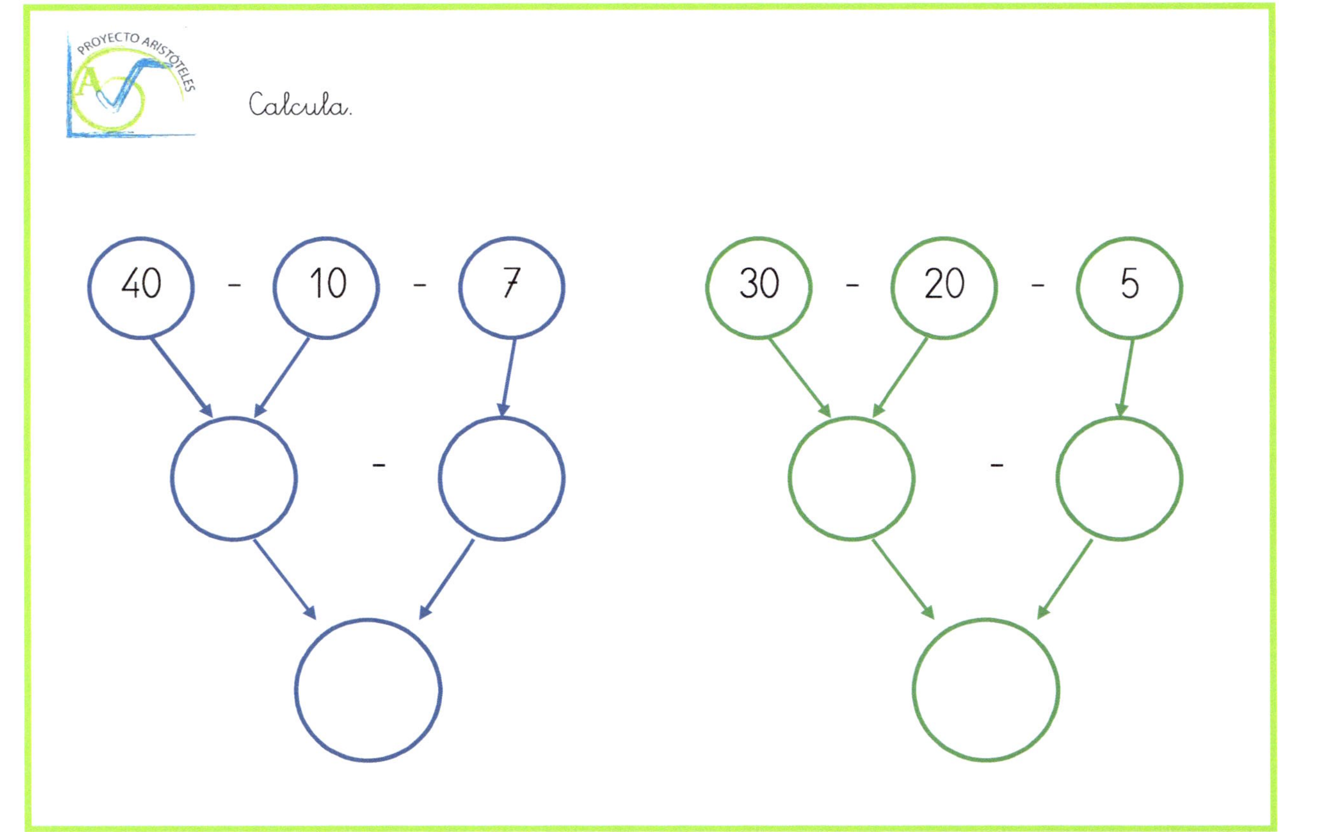
PROYECTO ARISTÓTELES
Calcula.
40
-
10
-
7
-
30
-
20
-
5
-

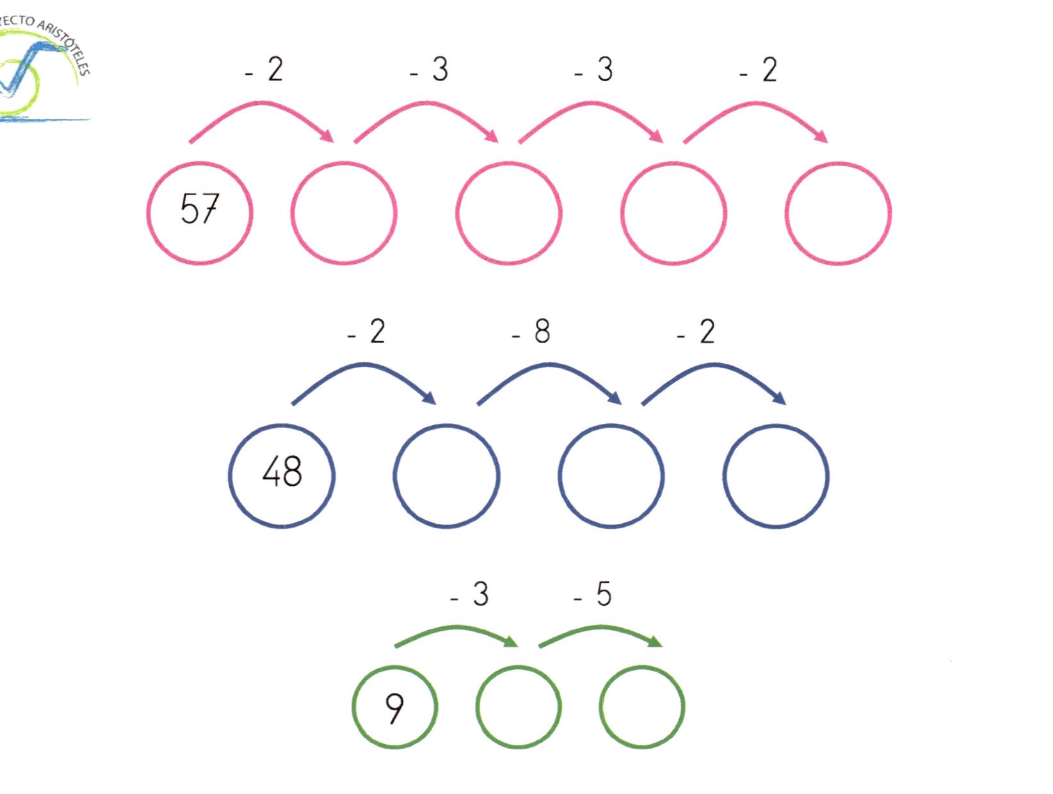
PROYECTO ARISTÓTELES
- 2
- 3
- 3
- 2
57
- 2
- 8
- 2
48
- 3
- 5
9

Cálculo mental.

68 - 2 =

56 - 3 =

42 - 2 =

23 - 3 =

37 - 2 =

48 - 3 =

91 - 2 =

32 - 3 =

64 - 2 =

26 - 3 =

Completa usando los signos > < =

68 - 32 ◯ 48 - 36

72 - 47 ◯ 63 - 52

94 - 52 ◯ 96 - 50

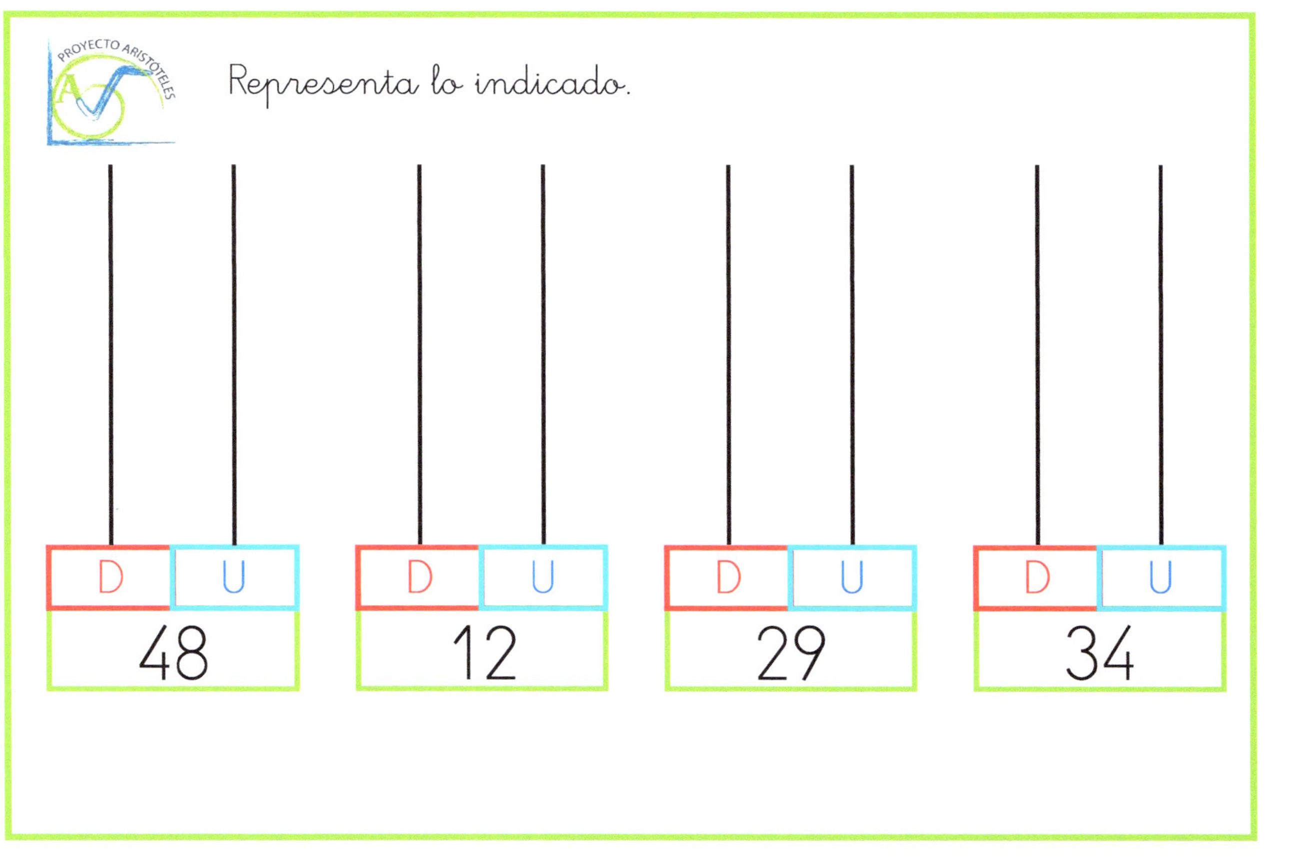
PROYECTO ARISTÓTELES
Representa lo indicado.
D
U
48
D
U
12
D
U
29
D
U
34

Escribe el número anterior y posterior.

	38				42	
	61				20	
	32				39	
	53				75	

Ordena los siguientes números de mayor a menor.

2	61	38	16	59	8

37	29	66	45	12	52

PROYECTO ARISTÓTELES

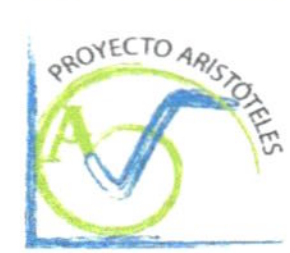

Resta en vertical.

	D	U
-		

	D	U
-		

	D	U
-		

	D	U
-		

77 - 23

69 - 42

75 - 31

53 - 22

¿Cómo se escriben los siguientes números?

51 ____________________

31 ____________________

79 ____________________

28 ____________________

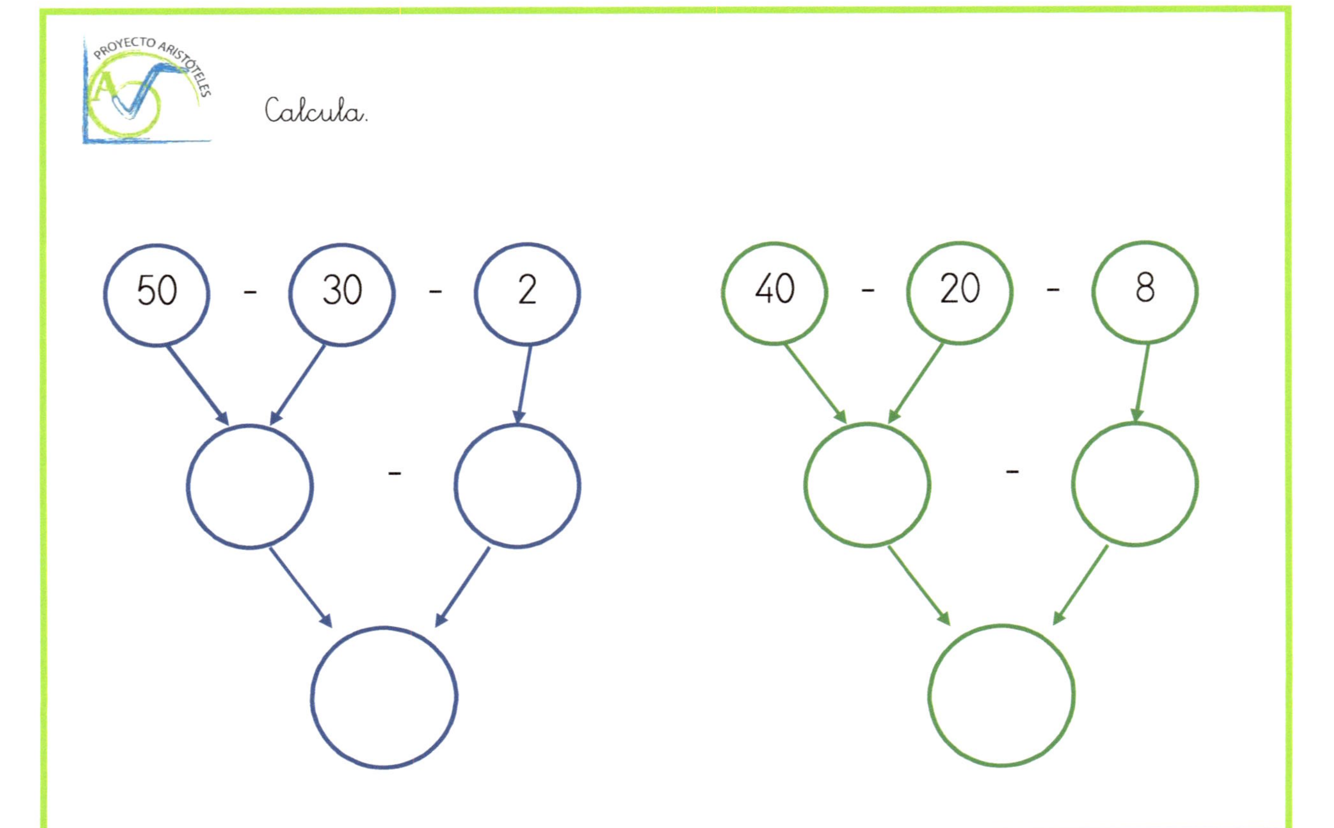
PROYECTO ARISTÓTELES
Calcula.
50 - 30 - 2
-
40 - 20 - 8
-

PROYECTO ARISTÓTELES

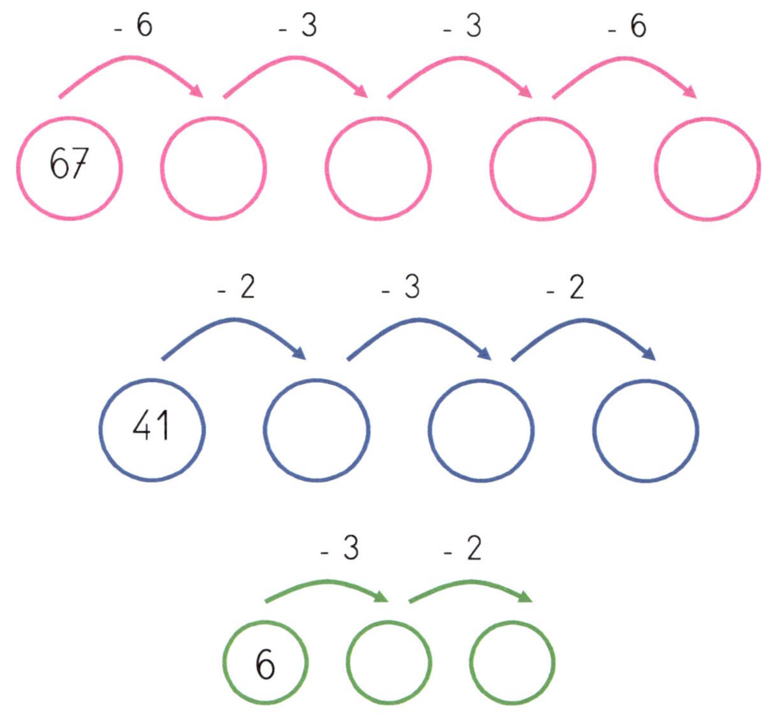
- 6
- 3
- 3
- 6
67
- 2
- 3
- 2
41
- 3
- 2
6

Cálculo mental.

42 - 5 =

36 - 4 =

44 - 5 =

72 - 4 =

50 - 5 =

69 - 2 =

45 - 4 =

57 - 2 =

38 - 4 =

25 - 2 =

Completa usando los signos > < =

57 - 23 ◯ 99 - 34

47 - 31 ◯ 58 - 54

65 - 24 ◯ 78 - 22

Representa lo indicado.

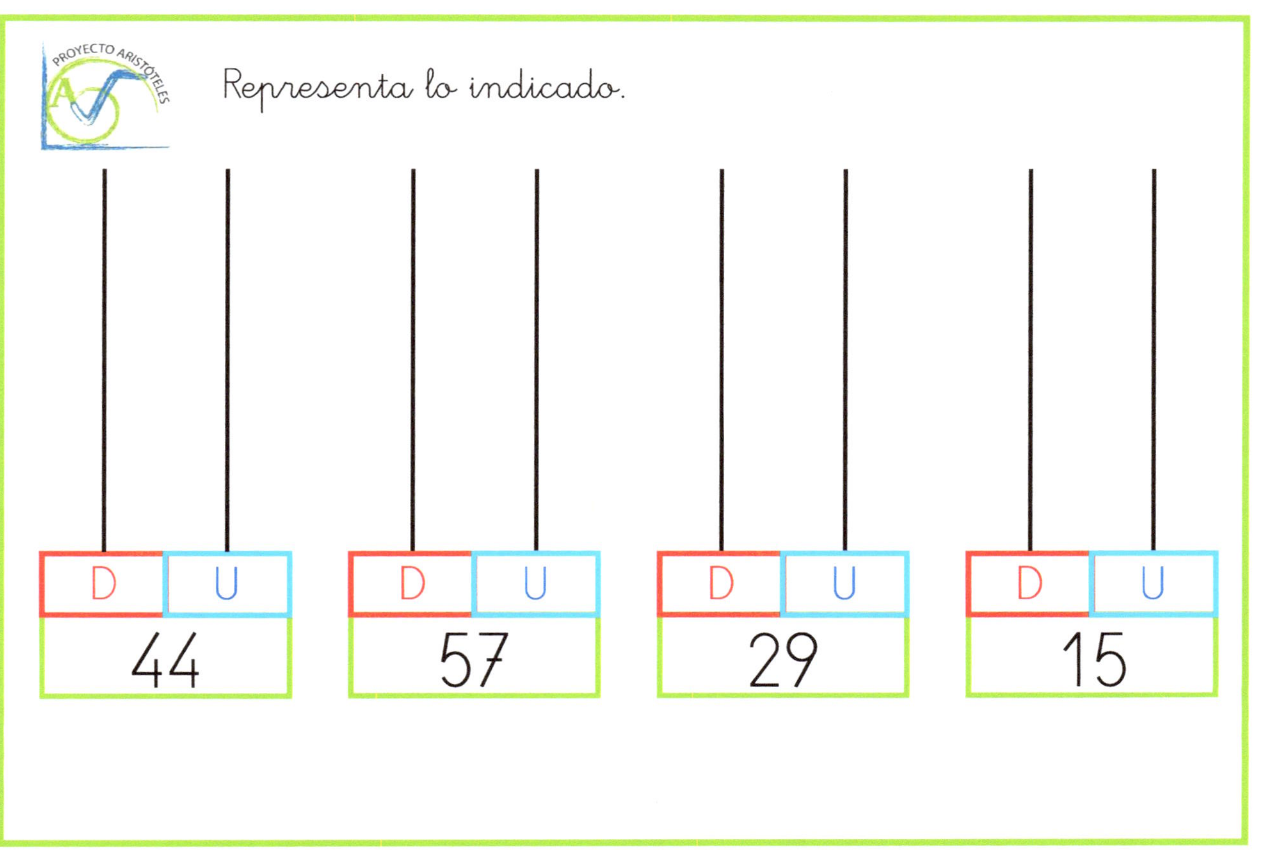

Escribe el número anterior y posterior.

	13			39	
	25			60	
	41			46	
	17			32	

Ordena los siguientes números de menor a mayor.

69	12	32	49	7	55

9	46	62	52	32	26

PROYECTO ARISTÓTELES

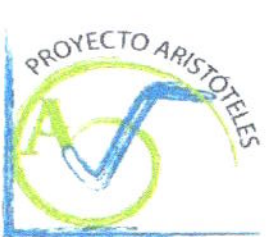

	D	U
-		

72 - 41

	D	U
-		

55 - 22

	D	U
-		

89 - 51

	D	U
-		

34 - 23

¿Cómo se escriben los siguientes números?

29 ______________________

60 ______________________

13 ______________________

56 ______________________

Calcula.

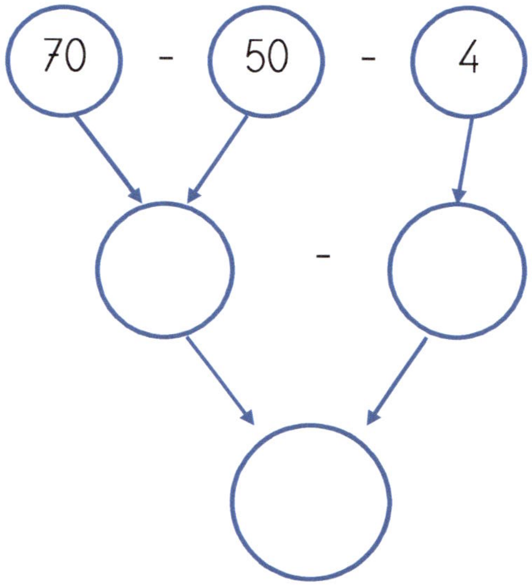

70 - 50 - 4

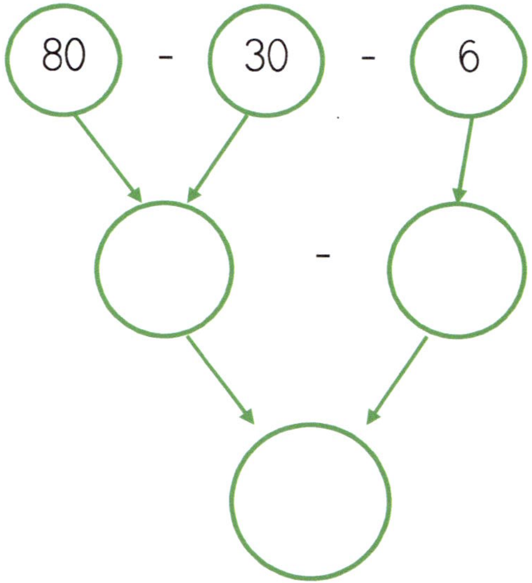

-

80 - 30 - 6

-

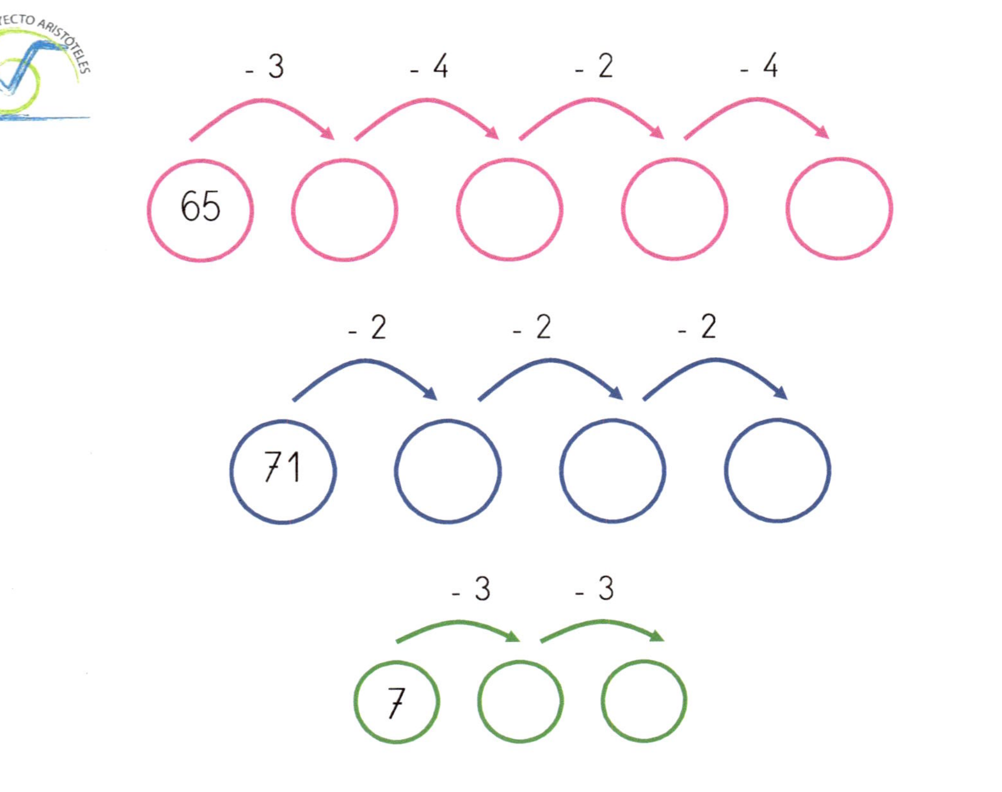
PROYECTO ARISTÓTELES
- 3
- 4
- 2
- 4
65
- 2
- 2
- 2
71
- 3
- 3
7

Cálculo mental.

43 - 3 =	48 - 5 =
37 - 4 =	74 - 4 =
45 - 3 =	36 - 5 =
23 - 4 =	47 - 4 =
61 - 3 =	36 - 5 =

Completa usando los signos $>$ $<$ $=$

53 - 32 ◯ 64 - 31

75 - 53 ◯ 98 - 53

94 - 43 ◯ 36 - 22

PROYECTO ARISTÓTELES

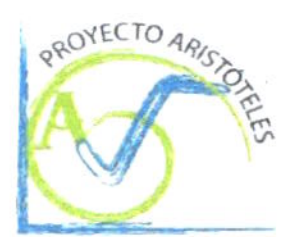

	D	U
-		

58 - 21

	D	U
-		

43 - 33

	D	U
-		

76 - 25

	D	U
-		

99 - 68

Cálculo mental.

32 - 10 =	57 - 11 =
46 - 11 =	50 - 10 =
54 - 10 =	46 - 11 =
23 - 11 =	58 - 10 =
49 - 10 =	39 - 11 =

Cálculo mental.

47 - 23 =	92 - 53 =
69 - 45 =	57 - 34 =
76 - 23 =	65 - 53 =
38 - 19 =	39 - 22 =
84 - 65 =	78 - 64 =

Cálculo mental.

76 - 53 =	79 - 23 =
38 - 17 =	33 - 12 =
69 - 35 =	46 - 23 =
43 - 12 =	62 - 52 =
88 - 54 =	87 - 74 =

Cálculo mental.

58 - 40 =	72 - 50 =
63 - 20 =	59 - 40 =
55 - 30 =	88 - 30 =
49 - 20 =	64 - 20 =
56 - 40 =	52 - 10 =

Cálculo mental.

76 - 30 =

98 - 20 =

85 - 30 =

62 - 50 =

29 - 10 =

46 - 30 =

57 - 40 =

64 - 20 =

55 - 40 =

38 - 30 =

Cálculo mental.

77 - 60 =	58 - 40 =
54 - 30 =	46 - 20 =
63 - 40 =	65 - 50 =
49 - 20 =	34 - 20 =
82 - 70 =	92 - 60 =

Cálculo mental.

32 - 10 =

59 - 40 =

43 - 20 =

61 - 50 =

77 - 60 =

24 - 10 =

65 - 40 =

43 - 30 =

96 - 50 =

49 - 30 =

Cálculo mental.

75 - 70 =	56 - 40 =
29 - 20 =	35 - 20 =
43 - 30 =	47 - 30 =
57 - 40 =	58 - 40 =
64 - 50 =	72 - 60 =

Cálculo mental.

58 - 20 =	95 - 80 =
86 - 60 =	62 - 40 =
43 - 30 =	73 - 60 =
35 - 10 =	59 - 30 =
59 - 40 =	47 - 20 =

Cálculo mental.

32 - 12 =

77 - 12 =

44 - 12 =

68 - 12 =

83 - 12 =

59 - 13 =

46 - 13 =

95 - 13 =

54 - 13 =

78 - 13 =

Cálculo mental.

98 - 14 =

59 - 14 =

74 - 14 =

67 - 14 =

85 - 14 =

50 - 15 =

65 - 15 =

79 - 15 =

48 - 15 =

67 - 15 =

Cálculo mental.

96 - 22 =	56 - 23 =
63 - 22 =	28 - 23 =
54 - 22 =	45 - 23 =
42 - 22 =	73 - 23 =
79 - 22 =	68 - 23 =

Cálculo mental.

58 - 24 =

24 - 24 =

75 - 24 =

66 - 24 =

39 - 24 =

54 - 23 =

96 - 22 =

65 - 23 =

45 - 22 =

37 - 23 =

www.ingramcontent.com/pod-product-compliance
Lightning Source LLC
LaVergne TN
LVHW071804230826
846093LV00019B/2

* 9 7 8 1 4 9 5 9 1 7 7 5 2 *